徐老師的
花葉寫意刺繡

徐淑賢 ◎ 著

作者序

　　小時候的我有點膽怯、有些畏縮、也害怕與人來往互動，但我的母親可說是個生活上的全能戰將，只要她想做的幾乎樣樣難不倒她。女紅部份更是樣樣在行，機縫、手縫、刺繡、編織每一項都十分出眾別緻，家裡充滿著許多的手藝作品。也因為這樣，我可以說是在布線堆裡長大的。

　　跟在母親身邊看著學著，從簡單的圖案繪圖然後再刺繡及衣服的縫製等等，從母親的小幫手做起，在高中時代便可以獨立完成一件又一件的成品。為了加強自己在服裝方面的技術，我專程到高級洋裁店拜師，利用假日下課的時間，從學徒基本功開始練起，一步一步埋頭學習，磨了近三年的光陰，終於晉升至洋裁師傅。在各式各樣質地不同的布料、繡線、珠子、釦子的世界裡，找到了自己的興趣，也展開了一個屬於自己的繽紛世界。

　　大學畢業後是另外一個人生的開始。冥冥中應該也是老天的安排，進入了一個剛成立的日本公司，從零開始，累積許多的工作經驗與成績。三十六年的工作生涯激發我的內在，磨練我的心志，職場上的風雨經歷與人情冷暖讓我心生夢想，為了實現這個夢想，任何事情我都能勇於面對，不再膽怯畏懼。這三十六年來一邊工作一邊築夢。利用下班時間及休息日，盡我所能教導學生，滿足學生需求，做出有活力、有生命力的拼布及刺繡作品。

　　也許各位無法想像這本書在十八年前就開始準備了，從第一個作品「初夏太陽花」到第十個作品「溫情滿人間」，將我一路走來的所有心情抒發在作品裡，希望大家能從作品中感受到溫馨、喜悅、希望、感恩、幸福，成為一股美好的生活動力。

　　這本書不僅是給喜歡刺繡、會刺繡的朋友閱讀，也希望能夠把作品中的心路歷程故事分享給更多人知道，匯集正面能量，不畏懼艱難，一直能再接再厲面對未來挑戰！

徐淑賢

目錄

Contents

Part 1　事前準備

Part 2　刺繡技法

Lesson1 ｜ 開頭與結尾打結 ｜

Lesson2 ｜ 基本刺繡教學 ｜

Part 3

作品應用

事前準備

Part

1

工具材料介紹

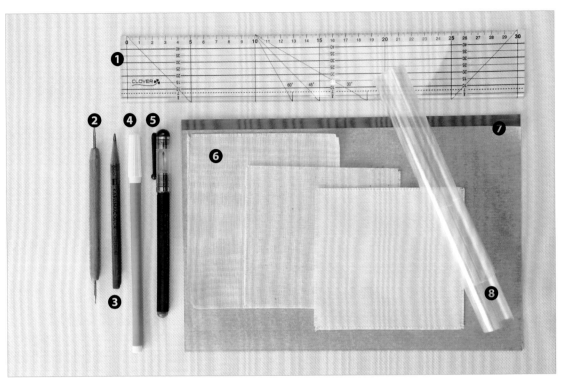

❶ 尺、❷ 鐵筆、❸ 布用鉛筆、❹ 粗水消筆、❺ 細水消筆、❻ 木紋布、棉麻布、棉布、
❼ 複寫紙、❽ 透明玻璃紙（或透明資料袋裁半）

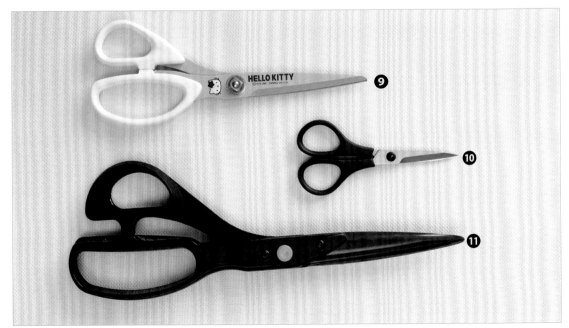

❾ 蔥線、紙用剪刀、❿ 緞帶、線用剪刀、⓫ 布剪刀

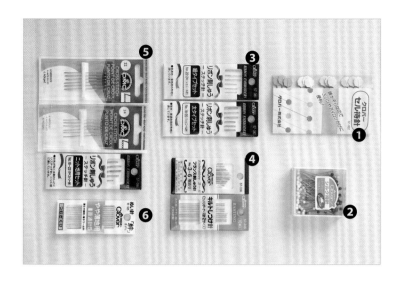

❶ 待針
❷ 珠針
❸ 緞帶尖頭刺繡針
❹ 5、8、12、25 號線用
　　刺繡針
❺ 緞帶圓頭刺繡針
❻ 珠子用細針

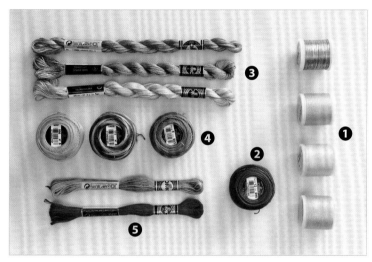

❶ 蔥線
❷ 馬頭 DMC12 號線
❸ 馬頭 DMC5 號線
❹ 馬頭 DMC8 號線
❺ 馬頭 DMC25 號線

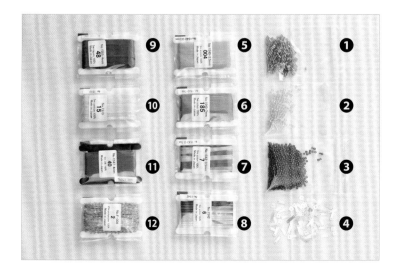

❶ 管珠
❷ 大珠子
❸ 小珠子
❹ 亮片
❺ 木馬緞帶 1540-3.5mm
❻ 木馬緞帶 1540-7mm
❼ 木馬緞帶 1543-3.5mm
❽ 木馬緞帶 1542
❾ 木馬緞帶 1505-4mm
❿ 木馬緞帶 1513
⓫ 木馬緞帶 1547-4mm
⓬ 木馬繡線 F008

複寫圖案教學

❶ 深、淺色布

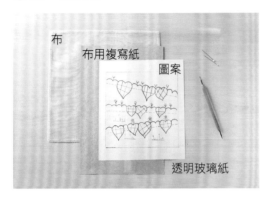 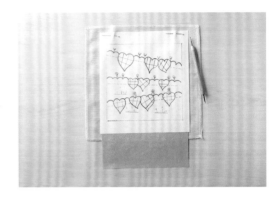

布→布用複寫紙→圖案→透明玻璃紙，依序對齊疊好用珠針固定，再用鐵筆描線。

❷ 淺色布

貼窗

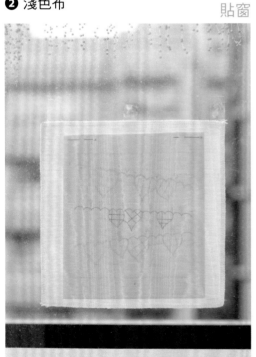

圖案疊上布料以珠針固定，用布用鉛筆描線。

燈箱

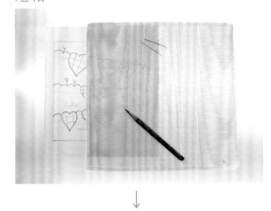

圖案疊上布料以珠針固定，用布用鉛筆描線。

刺繡技法

Part 2

・示範使用的布面織紋一格即為 0.1cm
・奇數為出針，偶數為入針
・以緞帶刺繡時，結束需戳入緞帶收尾

繡線開始打結

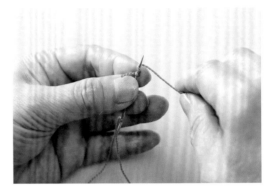

01　針壓線尾。

02　以線順時針繞針 2 圈。

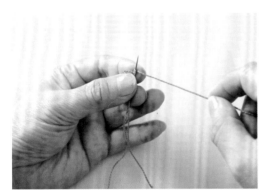

03　收緊。

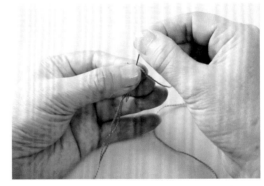

04　左手捏住繞線處，右手抽針拉到底。

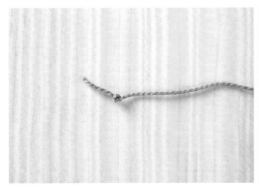

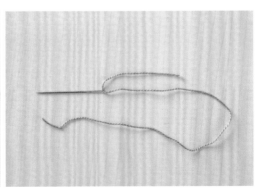

05　完成打結。

繡線結束打結

方法 *1*

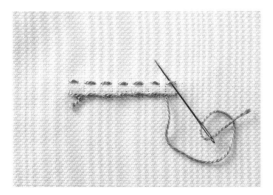

01　針先引線穿過鄰近的完成線。

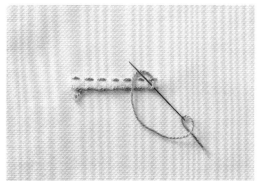
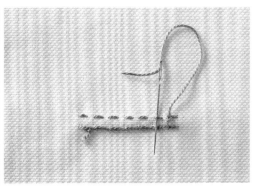

02　再繞線，壓住交會處抽針到底。　　打結。

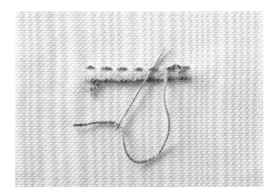
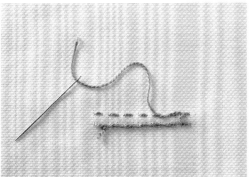

03　再引線繞過其他繡線。留約 1cm 的線頭，其餘剪掉，完成。

方法 *2*

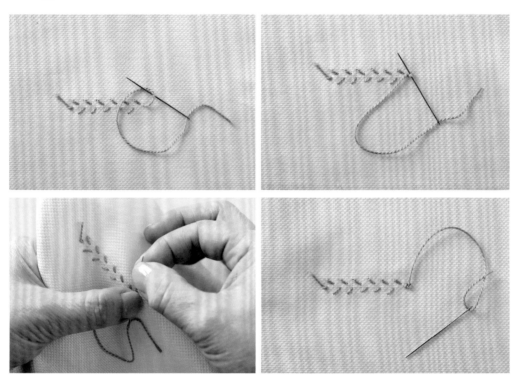

01　先打結：線繞針，收緊，壓住交會處抽針到底。

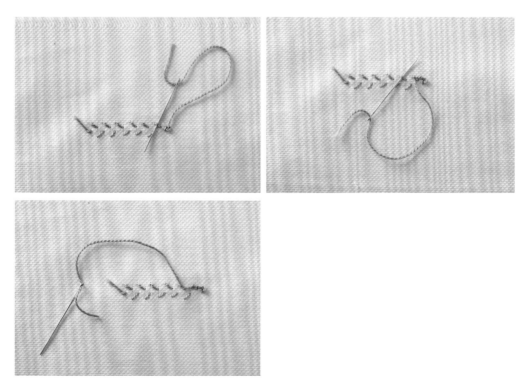

02　後引線：將線穿過鄰近的完成線內，留約 1cm 的線頭，其餘剪掉。

緞帶（薄窄）開始打結

01　緞帶尾端剪成斜角以便穿過針眼。

02　針穿過緞帶中央。

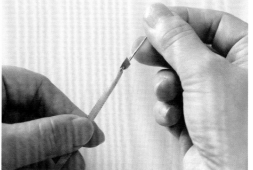

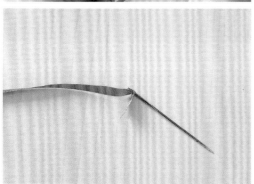

03　慢慢地收緊緞帶，將緞帶固定在針上
　　不會滑動。

04 將另一端緞帶內折約 1cm，針穿過
中央。

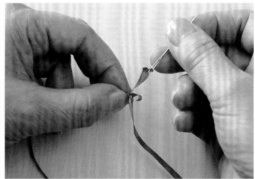

05 穩定地穿過緞帶。

06 收緊，完成打結。

緞帶（厚寬）開始打結

01　參考第 13 頁「緞帶（薄窄）開始打結」步驟 1~3，將緞帶固定在針上。

02　針穿過另一端緞帶中央。

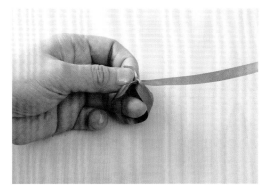

03　穩定地收緊緞帶成小圈。

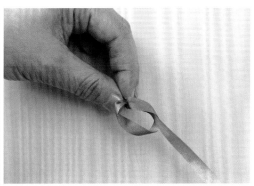

04　再以針穿過圈，抽針。

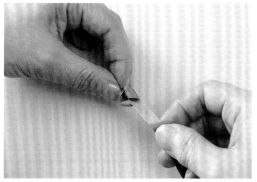

05　收緊，完成打結。

緞帶（薄窄）結尾打結

方法 *1*

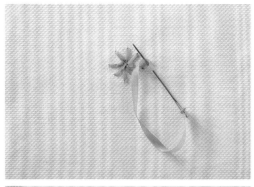

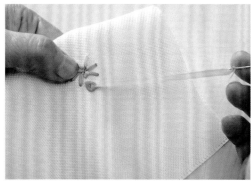

01 針壓在最後出針處，線繞針，壓住交會處抽針到底，直接打結。

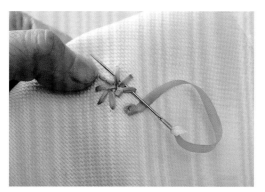

02 將線引至鄰近完成線內。

03 留約 0.5cm 的緞帶頭，其餘剪掉，完成。

方法 2

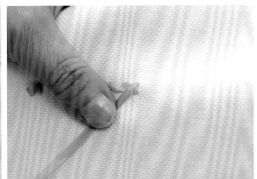

01　將剩餘的緞帶壓在最後一步的緞帶上。

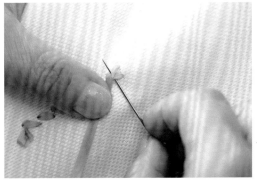

02　針穿過交會的中心點。

03　慢慢地拉緊。

04　再引線繞過鄰近的緞帶。

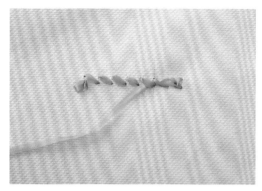

05　留約 0.5cm 的緞帶頭，其餘剪掉，
　　完成。

珠子縫製

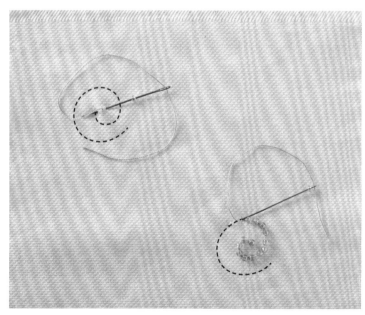

依記號線，以回針縫穿珠固定。

Lesson2
基本刺繡教學

01 平針繡

上下針等長

上針長下針短

上針有長有短，
下針等距短

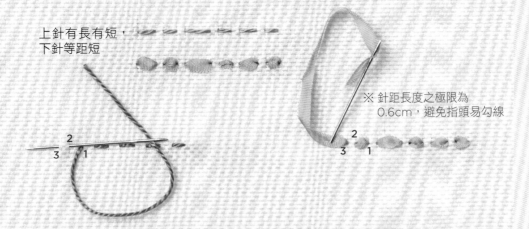

※ 針距長度之極限為
0.6cm，避免指頭易勾線

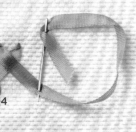

02 千鳥繡

| 原則 |

1~4 針是一個單位，5=1

高度相同

高度相同

高度有高有低，底線保持
相同水平位置

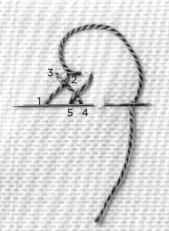

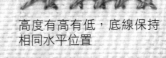

03 籃網繡

以直針繡為基礎架構

上下交錯、順序交換。由左至右或由右至左製作皆可。

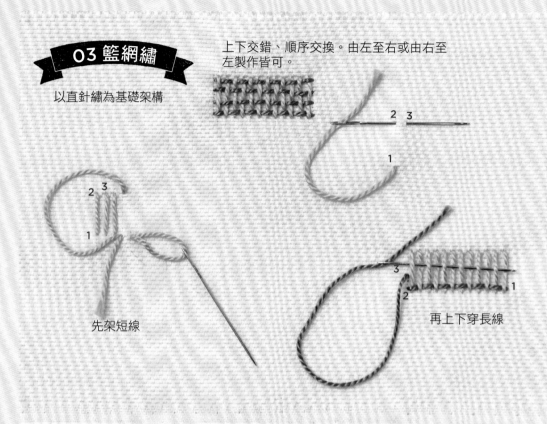

先架短線

再上下穿長線

04 法國結粒繡

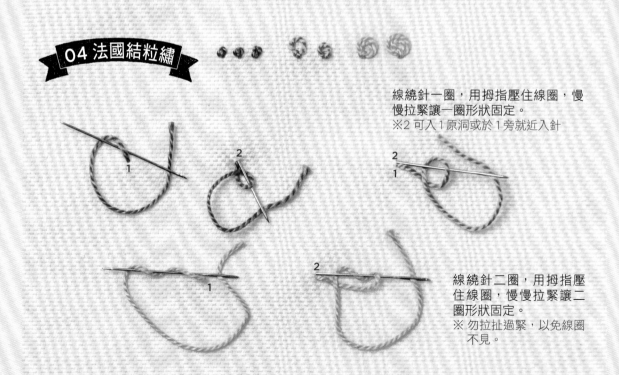

線繞針一圈,用拇指壓住線圈,慢慢拉緊讓一圈形狀固定。
※2 可入1原洞或於1旁就近入針

線繞針二圈,用拇指壓住線圈,慢慢拉緊讓二圈形狀固定。
※ 勿拉扯過緊,以免線圈不見。

05 直針繡

間距規律

連續性向上向下

放射狀由內往外

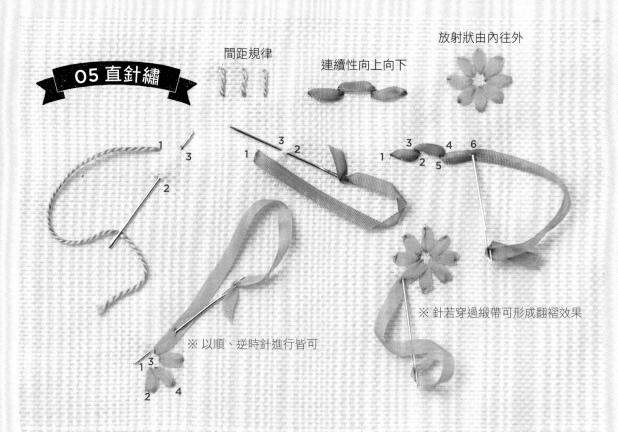

※ 以順、逆時針進行皆可

※ 針若穿過緞帶可形成翻褶效果

06 十字繡

中心為垂直交錯，四點需對稱。整體可放大或縮小比例展現不同效果。

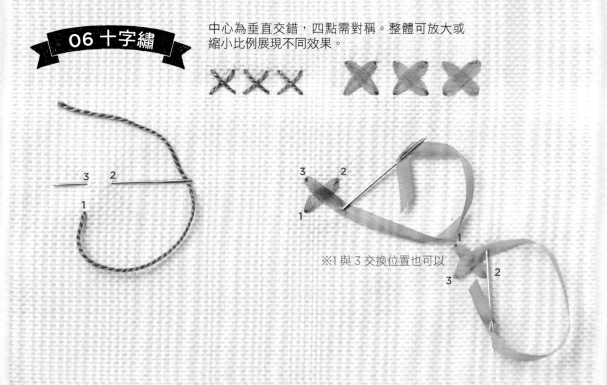

※1 與 3 交換位置也可以

07 葉子繡

由左至右進行

※ 葉片要用拇指壓住才能攤平展開，若太緊變得瘦長的話會不夠美觀。

08 接針平針繡

以平針繡為基礎架構

此繡法內的平針繡不可拉得太緊，要預留能穿過 2 條線的空間。

曲線（橘）的弧度需規律

曲線（藍）的弧度需有大有小才活潑

※ 使用深淺不同的同色系繡線也很自然活潑。

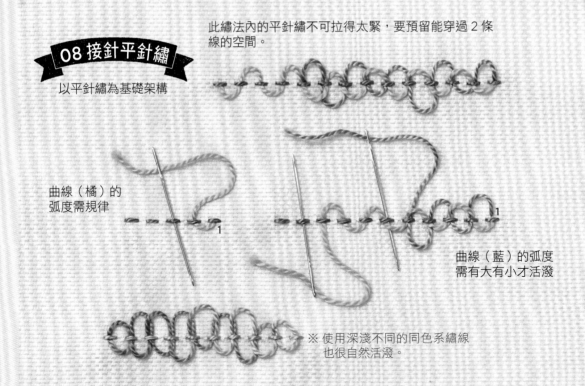

09 毛邊繡

由左而右或由右而左皆可

頭尾的止針針距需較窄

以下為走向及開口角度的變化示範：

一側開口　　　　　　上下開口　　　　　　無開口

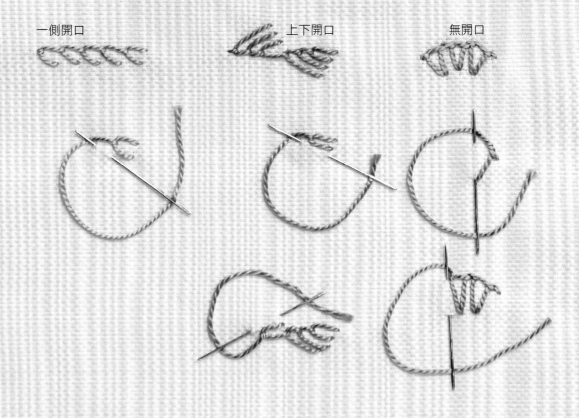

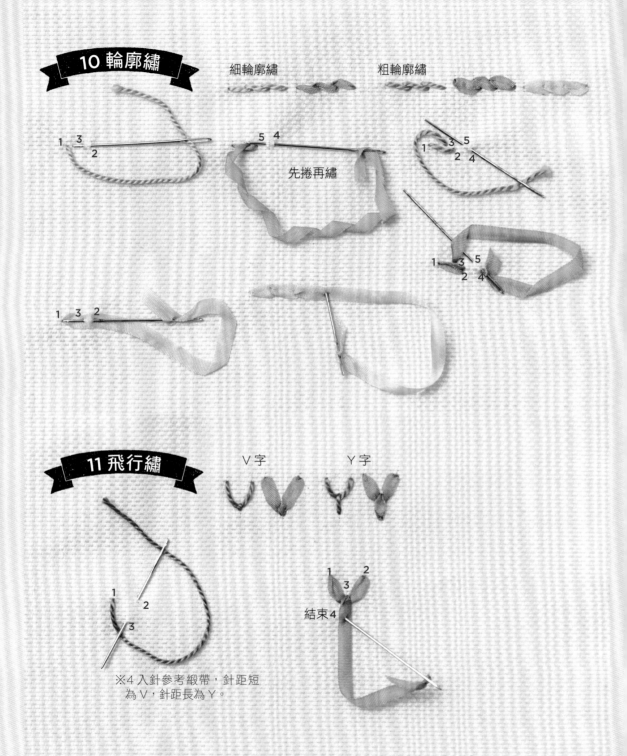

10 輪廓繡

細輪廓繡　　　　粗輪廓繡

先捲再繡

11 飛行繡

V字　　　　Y字

結束4

※4入針參考緞帶，針距短
　為V，針距長為Y。

12 裁縫釦眼繡

由右到左或由左到右繡皆可

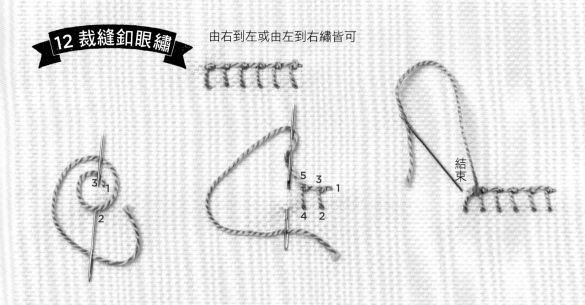

5 3 1
4 2

結束

13 雛菊繡

2 於 1 原洞入針

2 於 1 旁
就近入針

2 於 1 下方入針
圈形能變得狹長

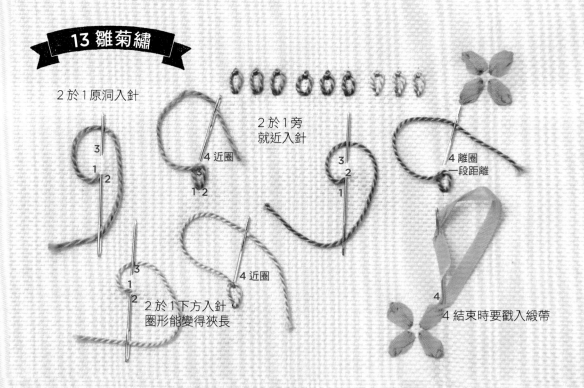

4 近圈

4 近圈

4 離圈
一段距離

4 結束時要戳入緞帶

14 雙重飛行繡

※ 挑線需適度拉緊後再入針4（入針處參考緞帶示範），注意勿挑到布。

15 十字結繡

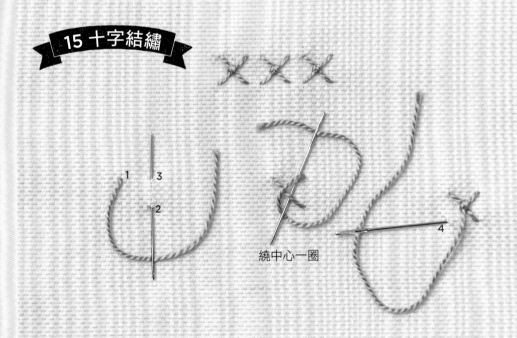

繞中心一圈

16環狀鈕眼繡

走向向內　　走向向外

頭尾的止針針距需較窄

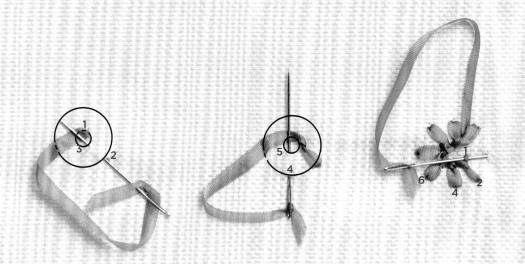

17 平面繡

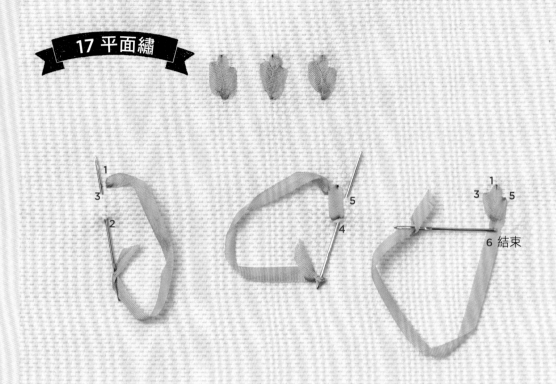

6 結束

18 珊瑚繡

橫針縱針長度一致

橫針可大可小
縱針長度一致

繡線逆時針套住針

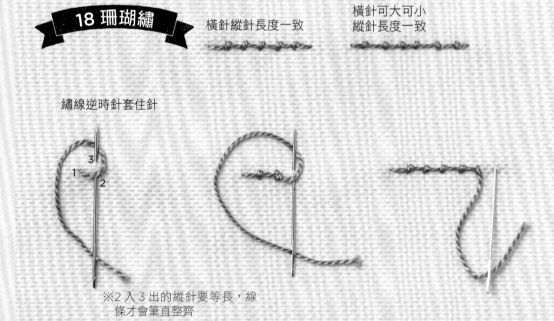

※2 入 3 出的縱針要等長，線
條才會筆直整齊

19 捲曲鎖鏈繡

由左而右或由右而左繡皆可

往斜上方

往斜下方

20 鎖鏈繡

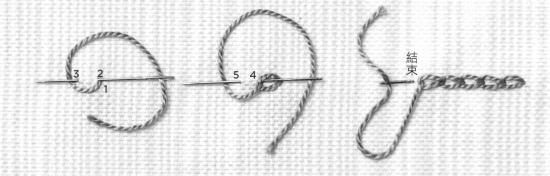

結束

21 捲線繡

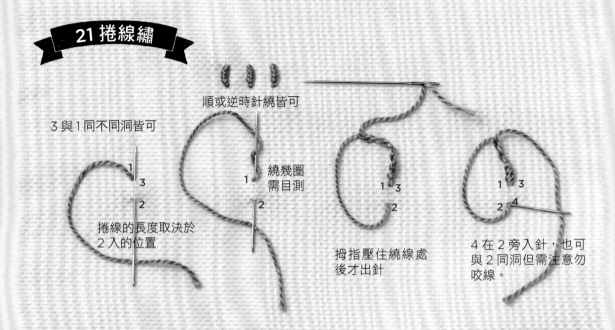

順或逆時針繞皆可

3 與 1 同不同洞皆可

繞幾圈
需目測

捲線的長度取決於
2 入的位置

拇指壓住繞線處
後才出針

4 在 2 旁入針，也可
與 2 同洞但需注意勿
咬線。

22 纜線鎖鏈繡

1、2、3 繡在同一個水平線上，直到所需的長度。

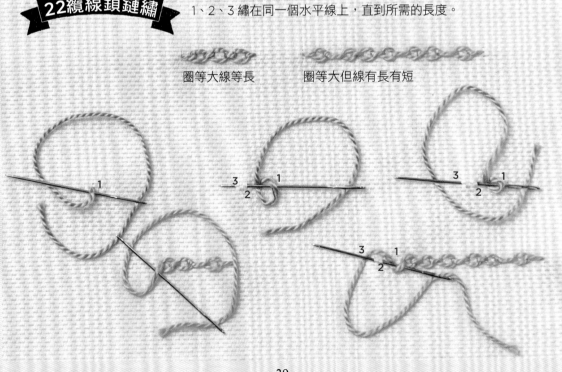

圈等大線等長　　　圈等大但線有長有短

23 釘線繡

3=1

以直線繡為基礎架構

釘線以對角線
製作的抓力較穩

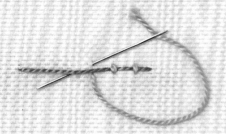

24 破碎鎖鏈繡

單數為相同水平線

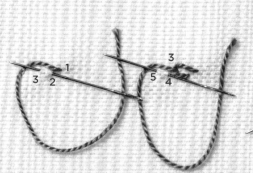

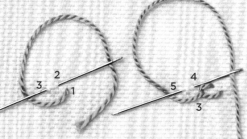

針走斜上時則開口朝下　　　　針走斜下時則開口朝上

25 裂線繡

顏色一致　　　顏色交錯

1 出時就排好雙線的作法

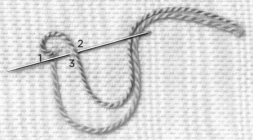

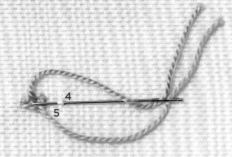

線往上往下交錯的作法

26 法國結雛菊繡

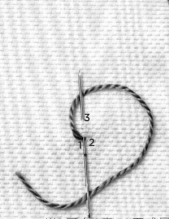

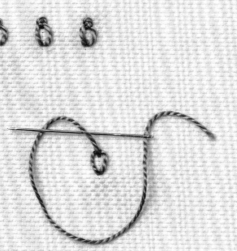

4 緊鄰 3 的上方入針

※2 可在1旁、1下或同洞
　入針，會呈現不同效果

27 回針縫

全回針　　　　半回針

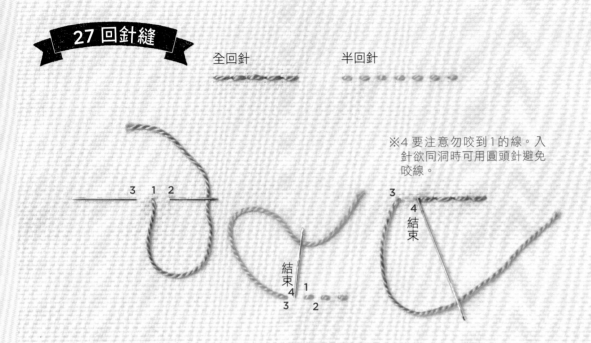

※4 要注意勿咬到1的線。入
　針欲同洞時可用圓頭針避免
　咬線。

3　1　2

3
4
結
束

結
束　1
4　　2
3

28 莖幹繡

套多回　　　　套一回

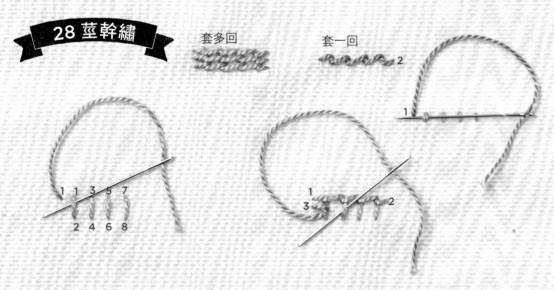

1 1 3 5 7
2 4 6 8

1
3
2

※ 以對角線繡抓力會更強

29 渦捲繡

線在針下，拇指輕壓線圈處，慢慢出針整理出捲形。

30 北京繡

以回針繡為架構

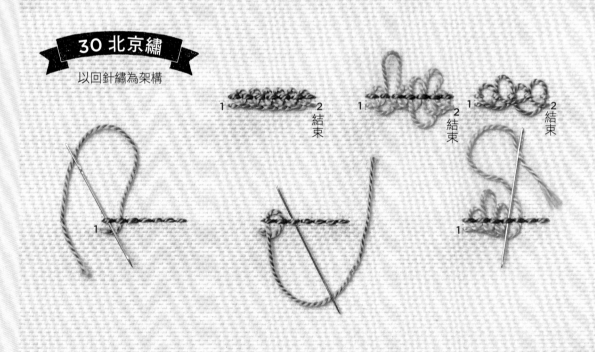

31直針打結繡

線繞針二圈

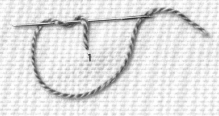

結束

2 跟 1的距離可依
需求自行調整

32 羽毛繡

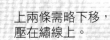

上兩條需略下移，
壓在繡線上。

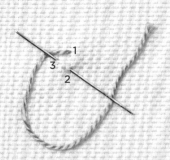

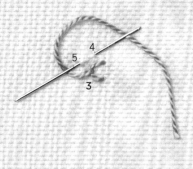

33

捲曲鎖鏈繡 + V 字形

以捲曲鎖鏈繡為架構

鎖鏈繡 + V 字形

可換用鎖鏈繡為架構

捲曲鎖鏈繡間距短時　　捲曲鎖鏈繡間距長時

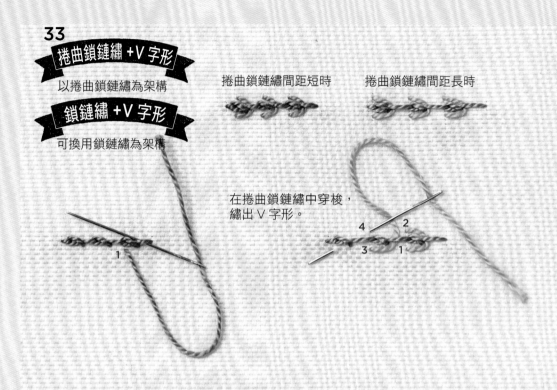

在捲曲鎖鏈繡中穿梭，
繡出 V 字形。

34

平針繡 + 立體毛邊包繡

走向為水平

針向上穿過平針繡，
壓線包住平針繡。

入針結束

針向下穿過平針繡，
壓線包住平針繡。

35
輪廓繡 + 立體毛邊包繡

走向為斜向

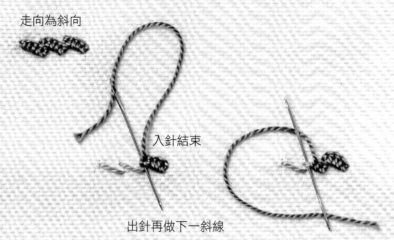

入針結束

出針再做下一斜線

依底下架的輪廓繡長度當基礎，來決定繞多長。

1

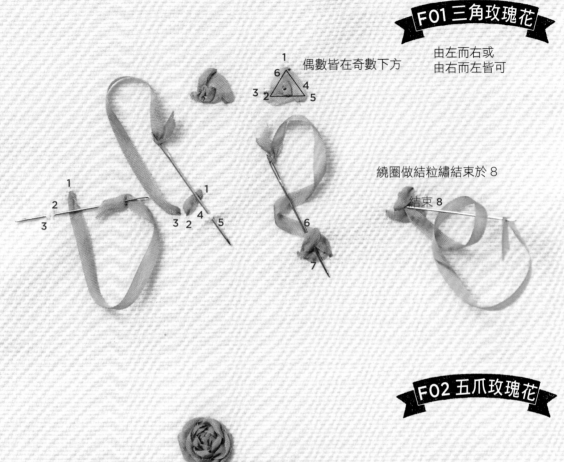

F01 三角玫瑰花

由左而右或
由右而左皆可

偶數皆在奇數下方

繞圈做結粒繡結束於 8

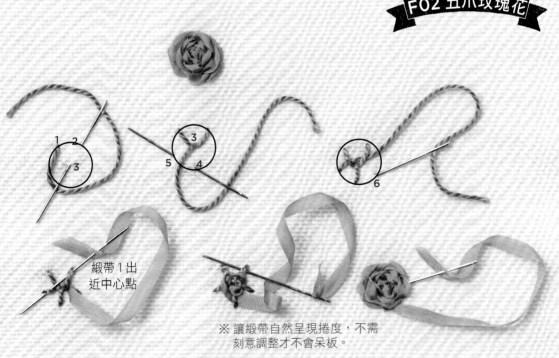

F02 五爪玫瑰花

緞帶 1 出
近中心點

※ 讓緞帶自然呈現捲度，不需
刻意調整才不會呆板。

F03 漩渦玫瑰花

| 參考 19 捲曲鎖鏈繡 |

順逆時針皆可，漩渦可自由繞出喜歡的大小。

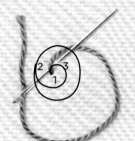

緞帶建議繞 2~3 圈即可，若想看起來大朵一點，可用較寬的緞帶製作。

F04 捲捲玫瑰花

| 紅數字為繡線、綠數字為緞帶 |

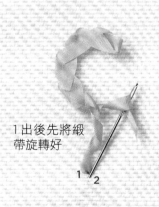

1 出後先將緞帶旋轉好

1　2

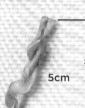

5cm

將布面下的緞帶調整平順後才戳出

從中央戳出

3

此針為輔助用，以維持花形，避免拉過頭。

4
結束

緞帶繞圈做結粒繡，結束於 4。

F05 層疊玫瑰花

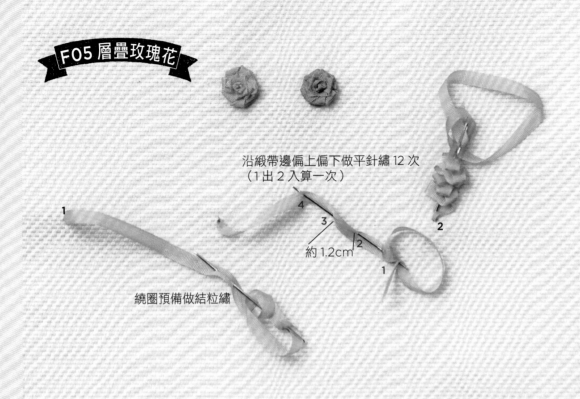

沿緞帶邊偏上偏下做平針繡 12 次
（1 出 2 入算一次）

約 1.2cm

繞圈預備做結粒繡

F06 摺疊花

花形走向為橢圓形

2 戳入緞帶在 1 旁入針

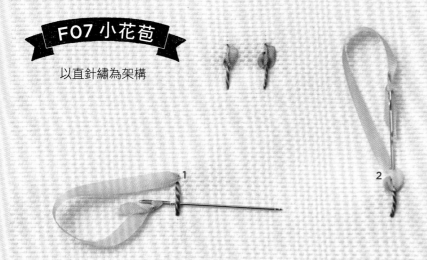

F07 小花苞

以直針繡為架構

F08 鈴鐺花

1、2、3在同一直線上，
距離要近。

順或逆時針繞
圈2圈半

4在1上方入針

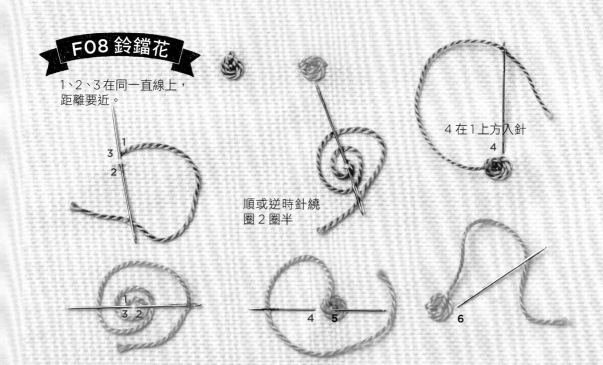

F09 棒棒糖花

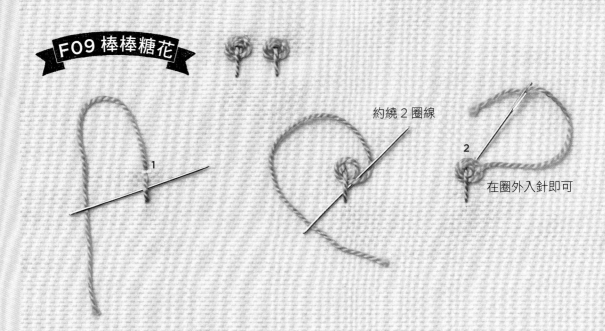

約繞2圈線

在圈外入針即可

F10 圈圈花

參考 F02 五爪玫瑰花

保留爪型勿全部填滿，
才能順利做出圈。

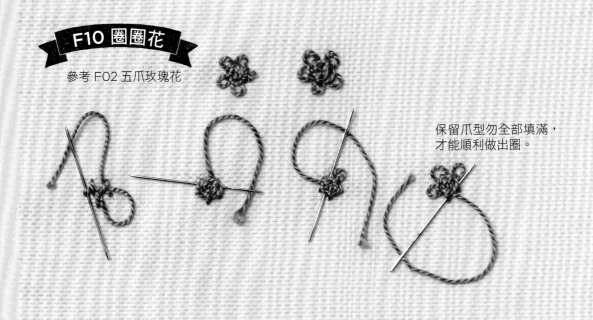

F11 碎褶花

碎褶要靠著緞帶邊平針繡
（縫約 12cm 長度） 1

※ 針距需一長一短

輕輕慢慢地將緞帶
縮成一個圈

以下為走向及開口角度的變化示範：

將圈翻蓋 （此面為背面）

2　2入針

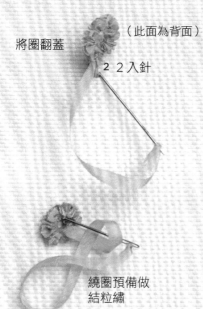

繞圈預備做
結粒繡

4 釘住

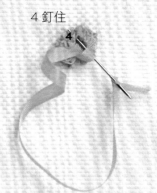

F12 田字花

參考 06 十字繡

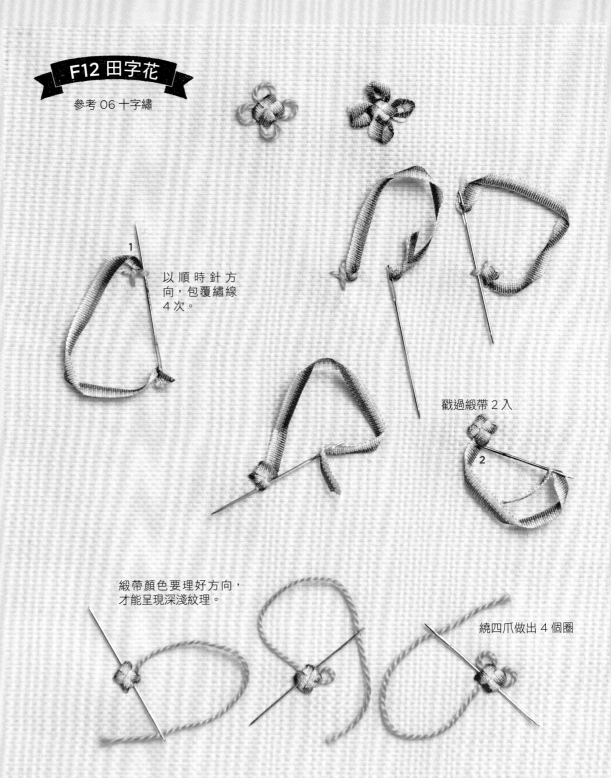

以順時針方向，包覆繡線4次。

戳過緞帶2入

緞帶顏色要理好方向，才能呈現深淺紋理。

繞四爪做出4個圈

作品應用

Part

3

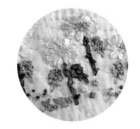

01 平針繡、02 千鳥繡、03 籃網繡、04 法國結粒繡、
05 直針繡、06 十字繡、07 葉子繡、08 接針平針繡

小語 1
初夏太陽花

初夏的微風陣陣吹來，嗅到了大地的氣息，
感受到花花草草的生命力量。
短暫的生命要好好地珍惜，
好好地活在當下。

緞帶 1513	15
緞帶 1540-7mm	429 424
緞帶 1547-4mm	40 34 36
緞帶 1505-4mm	7 8 48
繡線 5 號	4030
繡線 8 號	48 93 321 92
金蔥 + 大紅珠子	

應用 **抱枕**

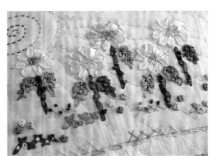

01 平針繡、02 千鳥繡 、08 接針平針繡、12 裁縫釦眼繡、
13 雛菊繡、14 雙重飛行繡、35 輪廓繡＋立體毛邊包繡、
F08 鈴鐺花、F11 碎褶花

小語 2

奇幻花叢林

走進坡道旁小小的公園，
坐在大樹下的石椅上，
欣賞著小花小草跟矮樹叢。
發現樹叢裡有瘦小的貓咪們穿梭著，
還有小青蛙們跳來跳去。
油然而生天天要來照顧牠們的心情。

緞帶 1547-4mm	14 9 30 17 13 15 23
緞帶 1540-3.5mm	335 366 379 357
繡線 8 號	93 90 48 92 898
金蔥	

應用
01 帽子

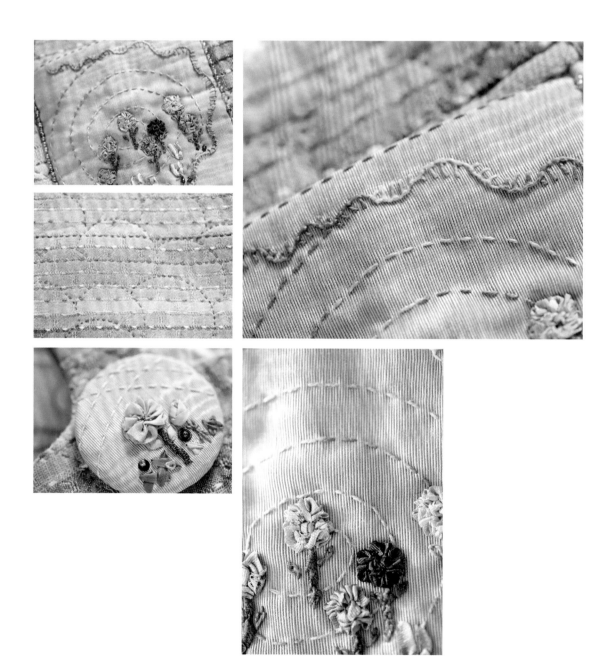

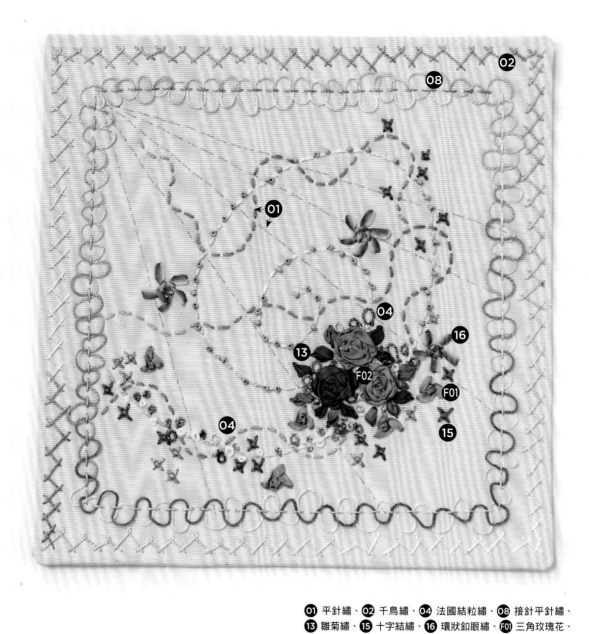

小語 3

花兒舞春風

冬去春來。
走過了跌跌撞撞的日子，路邊的花又開滿地，
小草也格外有精神，嫩葉翠綠無比。
微風輕輕吹起，彷彿彩帶隨風飛舞，
那種有活力的美，讓人又能提起勁繼續加油。

緞帶 1540-3.5mm	336 335 366
緞帶 1540-7mm	185 039 015
緞帶 1542	6
繡線 8 號	307 93 90 51 125
繡線 5 號	340 333 4040 4124
金蔥 + 珠子	

應用
01　剪刀套

室內拖

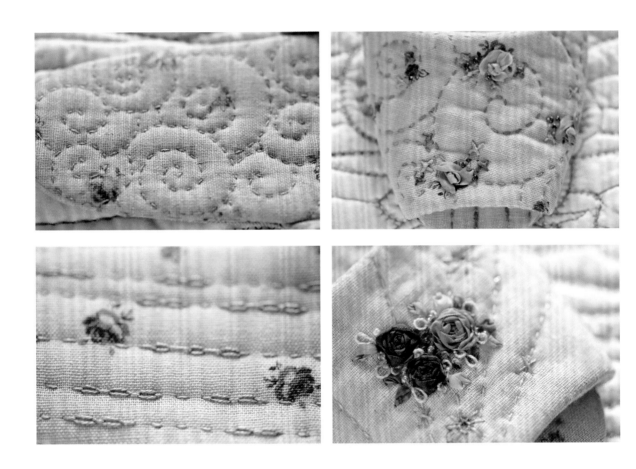

02 千鳥繡、04 法國結粒繡、08 接針平針繡、10 輪廓繡、15 十字結繡、17 平面繡、18 珊瑚繡、21 捲線繡、33 鎖鏈繡＋V字形、F03 漩渦玫瑰花

小語 4

豔陽花世界

烈日照射大地，把潮濕的泥土都給曬乾了，
難過難堪的事彷彿也隨著蒸發。
告訴自己要好好地站起來，好好地向前走，
美好的事物即將來臨。
漸漸的，我學會了享受挫折。

緞帶 1540-3.5mm	278 109 175 013 419 039 160 137
緞帶 1542	13
緞帶 1505-4mm	48
繡線 8 號	111 92 93 106 48 6
繡線 5 號	4120
金蔥	

應用 置物盒

小語 5

三冬姐妹花

轉眼間，冬季來臨。
姐妹們在寒冬裡齊聚一堂，
訴説一年來的種種境遇，不管是好事或是壞事，
都是成長中的必經之路。
有人相伴，互相加油打氣，內心格外溫暖，
也漸漸能體會到這份屬於人生的幸福！

緞帶 1540-7mm	228 018 185 335 348
緞帶 1540-3.5mm	178 238 559
緞帶 1542	6
繡線 8 號	111 434 580 703 319 700 340 67 107
金蔥	

應用 雜物筒

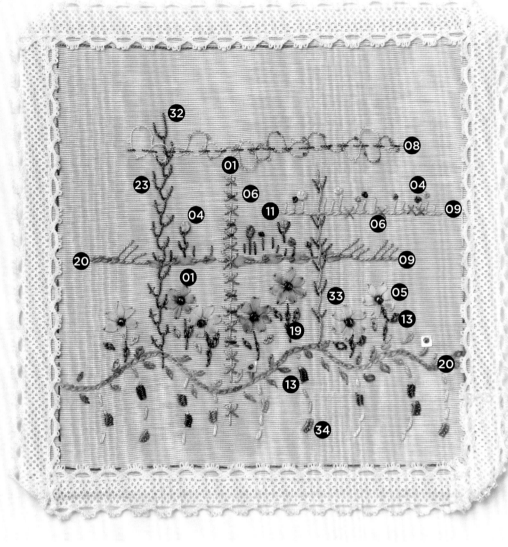

01 平針繡、**04** 法國結粒繡、**05** 直針繡 、**06** 十字繡、
08 接針平針繡、**09** 毛邊繡、**11** 飛行繡、**13** 雛菊繡、
19 捲曲鎖鏈繡、**20** 鎖鏈繡、**23** 釘線繡、**32** 羽毛繡、
33 捲曲鎖鏈繡 +V 字形繡、**34** 平針繡 + 立體毛邊包繡

小語 6

秘密花園

鉤鉤、圈圈、點點、叉叉，加上直線、橫線、曲
線，把這些酸甜苦辣暫放心裡的秘密花園。
隨著歲月的消逝，它們開始變化，開始發酵，
因為我的想法開始改變，做法也不一樣了，
不好的要變成好的，讓好的變得更好！

緞帶 1540-3.5mm	034 419 374 296 278
繡線 F008	2
繡線 5 號	4190 90
繡線 8 號	553 340 333 825 702 996 704 937
繡線 25 號	4124
大綠珠	

◎應用 **掛籃套**

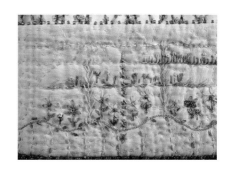

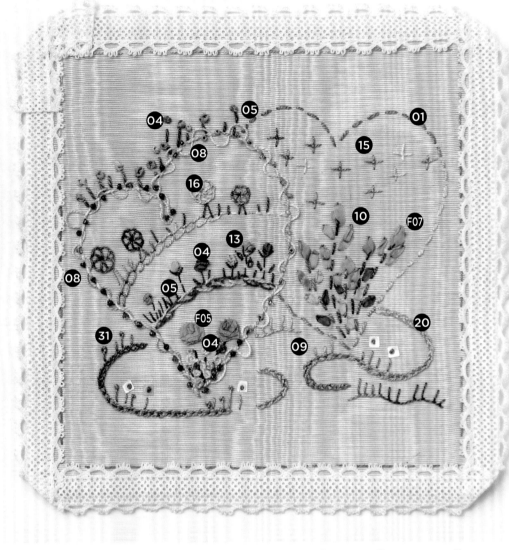

01 平針繡、04 法國結粒繡、05 直針繡、08 接針平針
繡、09 毛邊繡、10 輪廓繡、13 雛菊繡、15 十字結繡、
16 環狀釦眼繡、20 鎖鏈繡、31 直針打結繡、
F05 層疊玫瑰花、F07 小花苞

小語 7
款款情深

一顆愛自己的心，另外一顆是愛大地的心。
學會愛大地的所有一切時，才是愛自己的開始。
心花朵朵開，莫名的喜悅湧上心頭，
每當早上起床的時候，
自然會感覺到又是美好一天的開始！

緞帶 1540-3.5mm	052 013 364 158 278
繡線 5 號	4110 4140 4190
繡線 8 號	94 99 433 51
繡線 12 號	699
小紅珠綠珠 + 水藍方亮片	

應用　鍵盤防塵蓋

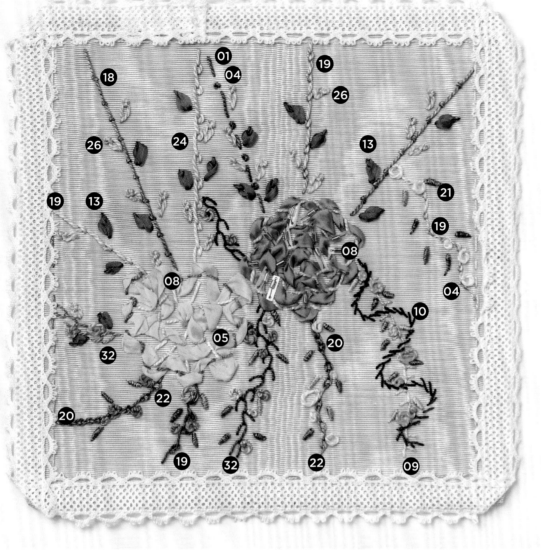

01 平針繡 、**04** 法國結粒繡 、**05** 直針繡、**08** 接針平針繡、
09 毛邊繡、**10** 輪廓繡、**13** 雛菊繡、**18** 珊瑚繡、**19** 捲曲
鎖鏈繡、**20** 鎖鏈繡、**21** 捲線繡、**22** 纏線鎖鏈繡、**24** 破碎
鎖鏈繡、**26** 法國結雛菊繡、**32** 羽毛繡

小語 8

魅力四射

學會了如何過有意義的日子，
一切都變為正能量。
自己常常覺得光芒四射、活力無窮，
內心不斷地吶喊著，我要加油、要努力，
因為不能讓大家失望。

緞帶 1540-7mm	034 424 366
繡線 5 號	90 93 907 4190
繡線 8 號	700 92 121
一分竹（管珠）	

應用 茶壺保溫罩 & 餐墊

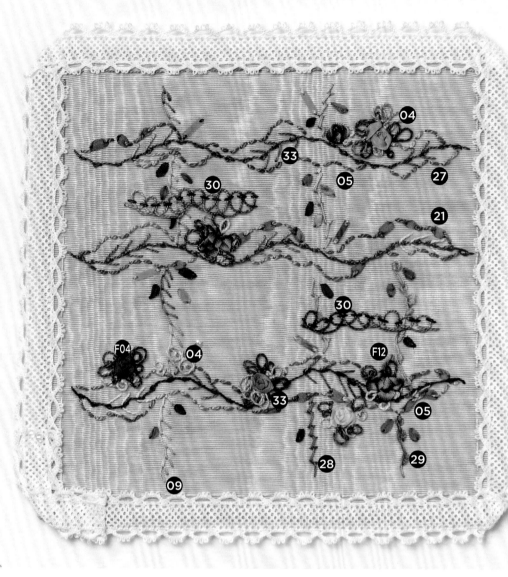

04 法國結粒繡 、05 直針繡、09 毛邊繡、21 捲線繡、27 回針縫、
28 莖幹繡、29 渦捲繡、30 北京繡、33 捲曲鎖鏈繡 +V 字形、F04
捲捲玫瑰花、F12 田字花

小語 9

綠野仙蹤

走在光陰的道路上，
是那麼的平坦舒適，
路上的小花小草好像都認識我，
所以一個人走在路上也不會寂寞。
這樣的日子過得好舒服、好自在。

緞帶 1542	9
緞帶 1543-3.5mm	7
緞帶 1540-3.5mm	366 364 360
繡線 5 號	4045
繡線 8 號	94 99 319 699 937
繡線 25 號	4025
粉紅亮片	

應用 束口袋

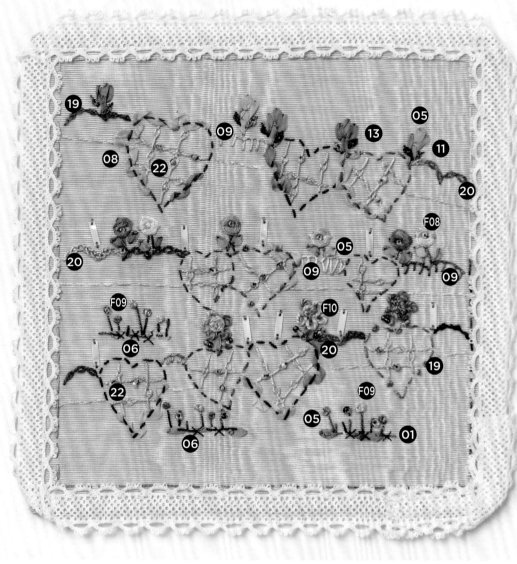

01 平針繡、05 直針繡、06 十字繡、08 接針平針繡、
09 毛邊繡、11 飛行繡、13 雛菊繡、19 捲曲鎖鏈繡、
20 鎖鏈繡、22 纏線鎖鏈繡、F08 鈴鐺花、F09 棒棒糖花、
F10 圈圈花

小語 10

溫情滿人間

隨著時光的流逝，我變得更茁壯、更成熟了。
懂得欣然接受別人給予的關愛，
也別無所求的給予大地一切最真摯的愛。
這種溫暖在心頭的感覺，真的，一切太美好了！

緞帶 1540-3.5mm	004 013 364 357 340
繡線 5 號	4190
繡線 8 號	319 699 727 743 3689 767 702 3348 48 107
繡線 25 號	4120 326
大珠、小珠、綠亮片	

應用 小提袋

初夏太陽花

奇幻花叢林

花兒舞春風

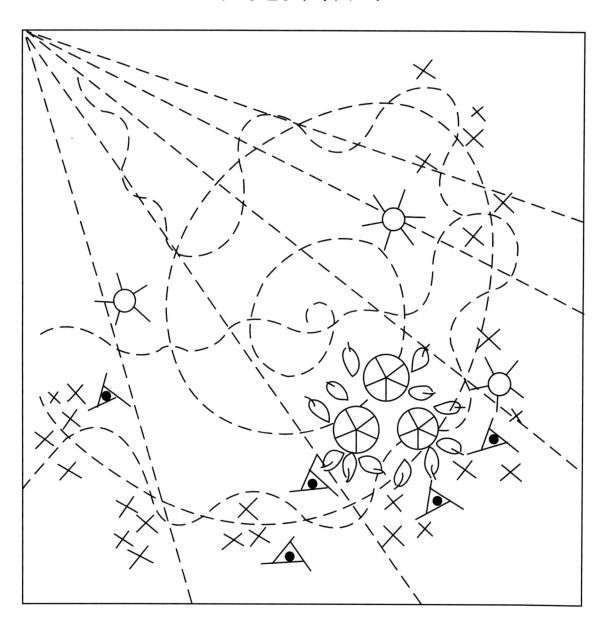

豔陽花世界

三冬姐妹花

秘密花園

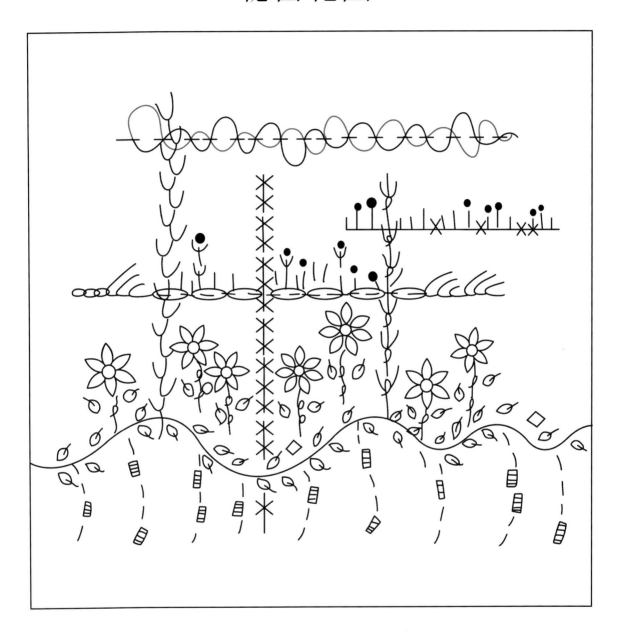

款款情深

魅力四射

綠野仙蹤

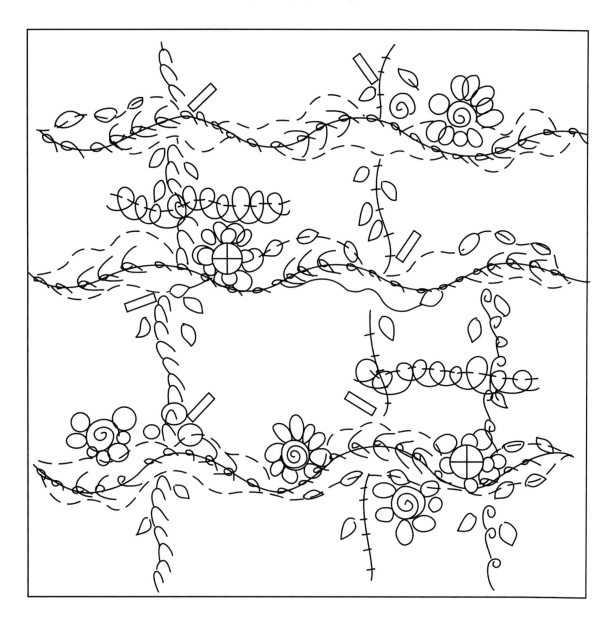

溫情滿人間

玩布生活 18

徐老師的花葉寫意刺繡

作　　者　　徐淑賢

總 編 輯　　彭文富

編　　輯　　Vivi

攝　　影　　情境 - 詹建華、技法 - 蔡約

美術設計　　徐小碧

繪　　圖　　維真工作室

出版者／飛天出版社
地址／新北市中和區中山路二段 530 號 6 樓之 1
電話／(02)2223-3531 · 傳真／(02)2222-1270
臉書專頁／www.facebook.com/cottonlife.club
部落格／cottonlife.pixnet.net/blog
E-mail／cottonlife.service@gmail.com

■發行人／彭文富
■劃撥帳號：50141907 ■戶名：飛天出版社
■總經銷／時報文化出版企業股份有限公司
　電　話／(02)2306-6842
■倉庫／桃園縣龜山鄉萬壽路二段 351 號

國家圖書館出版品預行編目 (CIP) 資料

徐老師的花葉寫意刺繡／徐淑賢作 . -- 初版 .
-- 新北市：飛天，2016.12
　面；　公分 . -- (玩布生活；18)
ISBN 978-986-91094-7-5(平裝)

1. 刺繡 2. 手工藝

426.2　　　　　　　　105020052